动物伪装术

（上册）

DONGWU WEIZHUANGSHU

王士春　主编

王成科　周军华　史永翔　著

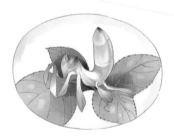

全国百佳图书出版单位

时代出版传媒股份有限公司

黄　山　书　社

主编简介

王士春，科学特级教师、正高级职称，合肥市第一届学术带头人、专业技术拔尖人才、合肥市科学名师工作室主持人、教育部国培计划培训专家、国家教材委员会专家委员会委员。发表科学教育教学论文及科学观察、科普童话近百篇。著有《用真情诠释教育》《青少年科技实践活动的理论与实践》《少儿科学实验与活动》等。

奥小星：聪明机警、博览群书，爱自然、爱探险，是同学们眼中的"小探险家"。

身份：小学高年级学生。

专长：有一块高科技可视腕表，随时可以和爸爸保持联络。家族基因中的调控基因，在遇到特殊的环境时，会产生突变，形成多个结构基因功能的变化，从而拥有两种令人惊奇的本领，一种是飞行，一种是变大变小。

奥西西：奥小星的妹妹，对一切充满好奇，喜欢旅行，爱憎分明。

身份：小学低年级学生。

专长：拥有和奥小星一样的调控基因。

爸爸：奥小星和奥西西的爸爸，博学多闻，幽默风趣，痴迷科学研究，行踪不定。支持自己的孩子们去大自然探秘，在孩子们遇到困难时，总能及时提供帮助。

身份：国际知名的地球物理学家。

专长：带领一支科考团队，对地球、宇宙都有研究，配备各种高科技设备，能瞬间移动、精确定位、实现信息无障碍传输等。

小朋友们，小星和西西给大家准备了很多好玩又有用的阅读资料呢！快来拿吧！

目录

第一章　误入原始丛林

一、推进器不见了

又一个美好而有趣的假期开始啦！

这一次，爸爸的尖端地球物理实验室给奥小星和奥西西准备了一个微型离子推进器。这样一来，他们的自然探险旅行就更快喽。

他们虽然有贴地飞行的本领，但那需要合适的环境才能激发调控基因产生突变。有了这个推进器，兄妹俩高兴极了，这多方便呀。

出发当天，在检查过所有仪器（包括他们稀奇古怪的小发明）、所有生活用品、所有防护措施之后，他们才在爸爸妈妈的目送下启程，那一刻爸爸妈妈眼里满是欣慰和自豪！

　　推进器屏幕上的图案变化无穷。"真是神奇呀！"小星站在舷窗前感叹。"是啊是啊，这个机器可先进啦！我们马上就会有风驰电掣的感觉了！"西西在旁边欢呼雀跃，并不住地大声赞叹。

　　"我们出发啦！"

　　刷——刷——，真是飞一般的感觉。

　　越过一片片楼房，越过一方方稻田，多美的假日旅行啊！

　　突然，屏幕上的图案一阵扭曲，飞行器左摇右摆，轰隆作响。一阵剧烈的抖动之后，兄妹俩在惊呼声中跌入了一片漆黑……

　　头顶绿荫浓密，丝丝缕缕的阳光从枝枝叶叶间穿过，如利剑划破

林间浓雾。小星和西西一睁开眼，便见到这副景象。于是，俩人一骨碌爬起来，拍拍身上的草屑，打量着四周，只看见浓密的树木、茂密的草丛。"这是哪里呀？我们的推进器呢？"

兄妹相视苦笑，西西哭丧着脸："哥哥，麻烦大了！没有了飞行器，我们这次进行生态探险后，怎么回家啊？"

小星说："西西，我也不知道啊！意外，绝对是意外！可能是碰到强磁场了，我的防干扰屏蔽仪没有开吧。"

"可是出发前都检查了啊，看来还是不细致，以后得注意，哥哥！"

"是，是，你教训得是，下次一定不放过每一个环节。"小星连声道歉，"西西，幸好我俩的背包都在，应急物品都在，凭咱俩的本领，生存、探险都不是问题。但是，推进器丢到哪里去了呢？还好，我的可视腕表能够追踪定位，咱们循着信号找吧。"

西西就喜欢冒险，连忙说："好，哥哥，不着急，未知才有挑战，凭着我们的特殊本领，正好一路寻找，一路探险。"

二、一块神奇的树皮

"先来确定方向吧。"小星拿着腕表看着，走到一棵倒下的大树前仔细观察，又抬头看了看其他树木的树冠，回头对西西说，"我们出发！"

确定好方向，整理好背包，兄妹二人循着腕表上的提示信号，深一脚浅一脚地开始了寻找的旅程。

这是一片古老而没有遭到显著破坏的森林，生态特征很独特。

林间藤蔓缠绕，杂草齐腰，行进困难。但是，兄妹二人都喜欢探险，确定行动目标后也轻松了起来。这会儿，他们不仅不害怕，反而一路有说有笑。

"看看，这儿还有一株紫色的地衣呢！"西西边叫边拿出随身携带的放大镜，蹲下身子仔细地观察起来。

小星则停在了一棵树下，对着一块树皮仔细研究起来。"西西，快来！这块树皮好古怪！"西西闻声凑了过来。

"啊！"突然，小星大叫起来，一块"树皮"迅速逃离。"别怕，哥哥，你知道的，我们可以和小动物进行对话，让我来问问它吧。"

西西对"树皮"说："你好，我们不会伤害你，只想认识你。我叫西西，和哥哥一起来探险，可是推进器出故障了，我们正准备去找呢。你叫什么？"

"树皮"说："吓死我了，我以为你们要抓我呢！我叫树皮蜘蛛，除了寒冷的极地去不了，我的亲戚遍天下。你们真是孤陋寡闻，连我都不知道，哼！"

"哈哈，小蜘蛛，久仰久仰。"

"笑我小？看见我的大螯了吗？看清我的螯牙了吗？有毒的！扎一下，疼死你！"

得意的"树皮"又说："人家都叫我们达尔文树皮蜘蛛，我们编织的网遍布河流、小溪和湖泊，最大可达 2.8 平方米呢！这个记录一直没人，哦，不是，没蜘蛛能打破。不过，我们平常都躲在树皮上，人不犯我，我不犯人，我们也是爱好和平的！"

"不好意思哈，你伪装得太好啦，我们还以为是块树皮呢，这才打扰到你休息啦。"西西说。

"没关系，只不过很少有人到这里来。丛林里是很危险的，你们要小心啊！"

"谢谢你，我们会小心的，再见！"

"树皮蜘蛛伪装得真好，呵呵。真是奇妙的生存技能，大自然真的很神奇，看来我们的寻找之旅一定很精彩。"小星笑道。

三、偶遇棒槌雀

辞别树皮蜘蛛后，二人继续前进。

林子越来越密，树冠庞大，枝叶茂盛，遮天蔽日。穿行林中，叫人觉得阴森可怕。在这种环境中摸索前进，西西渐渐地有点头皮发麻了。突然，只听得头顶"扑棱棱"一声，同时夹杂着奇怪的叫声，一团灰影从头顶掠过。兄妹俩吓得大叫起来。

"叫什么叫？打扰我睡觉！我被你们吓到了都没叫呢！"声音从他们对面的树上传来。西西眼尖，喊道："猫头鹰，猫头鹰！"

"谁是猫头鹰？我叫角鸮，看见我头上的'角'了吗？看见我强壮的爪子了吗？哼，我们可是猛禽。我们还是国家二级保护动物呢！我们平时就躲在树上，谁也发现不了我们！"

"你头上那叫角吗？那是羽毛。哈哈，吹牛！我知道你们，你们白天藏在树枝上，夜里出来找吃的，叫声很洪亮，喜欢吃昆虫。你们的家都是天然的树屋（树洞），你们又叫'棒槌雀'，对吧？"西西笑着说，"我们只是路过，去寻找丢失的推进器，不仅不会伤害你们，而且会把你们介绍给更多的朋友，让大家都能和你们做朋友，保护你们。"

"我头上的就是角！不过，算你聪明，你说是羽毛就是羽毛吧。也谢谢你们。我得回家睡觉了，晚上还得找食物呢！"

"那好，我们也要继续前进了！再见！"

"再见啦，你们可要万分小心，这森林是很危险的，祝你们旅途顺利！"

"我们不打扰你休息了，祝你捕食顺利！再见！"

"你们一定要万分小心，这森林很大，很多地方我都没去过，祝你们旅途顺利，勇敢的小兄妹！"

这片森林瞬间激起了他们强烈的兴趣。小星说："西西，我们找推进器的同时，也探索一下这片森林里的伪装高手，怎么样？"

"好啊，好啊，正好弥补我们寻找过程的单调。我们就不会那么无聊了！"西西拍着手应和着。

带着角鸮的祝福，兄妹俩又小心翼翼地踏上了寻找之路。

树皮蜘蛛

树皮蜘蛛：又叫"达尔文树皮蜘蛛"，除南极洲以外，全世界分布，均陆生。这种蜘蛛编织的蜘蛛网遍布河流、小溪和湖泊。可以编织 2.8 平方米的蜘蛛网，比任何其他物种编织的环状网络都要大，它们吐出的蛛丝要比杜邦公司生产的凯夫拉纤维牢固 10 倍，是已知最牢固的生物材料。

角鸮

角鸮：别名"棒槌雀""普通鸮"，小型猛禽，与猫头鹰相似。是一种强壮的猛禽，体长超过 60 厘米，羽毛是褐色的。栖息于山地林间，筑巢于树洞中。以昆虫、鼠类、小鸟为食。

你能找到它们吗?

第二章　　溪边遇险

一、奇怪先生

森林里一片寂静，太不正常了，小星想。
只听到轻微的沙沙声，那是微风穿过树冠，
以及兄妹俩脚踩多年落叶的声音。点点细碎
的阳光投射在林间地面上，阴影与光斑交替

变换，再加上雾气丝丝缕缕地缠绕在周围，感觉有点阴冷，西西往哥哥身边靠了靠。他们壮着胆子继续往前走。

爬过一段缓坡，耳边传来"哗哗"的流水声，一条清澈的小溪出现在他们面前。"哥哥，累死我了！我们过去喝口水，休息一会儿吧。"西西提议。"好的，走了这么久了，我们休息休息吧。"小星也累了。

来到小溪边，溪水缓缓流过长满青苔的石头，一颗颗圆润的鹅卵石静静地躺在小溪底部，光线在鹅卵石上变幻流动，多美的景色啊！可是他们还是仔仔细细地检查了一下溪水和周边的情况。确认没有危险后，他们长吁一口气，放下背包，抄起溪水，洗了洗脸，顿时感觉清爽多啦！

西西又想洗洗酸胀的双脚，便迅速脱下袜子，刚伸出脚……

"等……一……下……"忽然，旁边一棵大树上传来懒洋洋、慢吞吞的声音。

"谁呀？"吓得他们一激灵。他们立马快速起身，警惕地环视四周，却一无所获。"邪门！""古怪！"

"找……不着……吧？我……在……这……儿……"

"你是谁呀？你在哪儿？"小星和西西问道。

"我……在……这……儿。就……在……你们……旁边……的……树上……"

小星和西西使出全身之力，壮起胆子，在慢吞吞的声音的指引下，找到了小溪边挂在一棵树上的奇怪动物。它身上是布满斑点的灰褐色皮毛，脸庞是黑色的，额头上横穿着明显的黑色斑带，脸部覆盖着从额头上垂下的长长的蓬松的头发，好像戴着兜帽一样，它几乎和树干融为了一体，难怪找了半天找不着。

二、阴险的石头鱼

"你们……好……啊！"它打招呼。

"你好，吓死我们了，奇怪先生，嘻嘻……刚才是你不让我们洗洗脚放松一下的吗？为什么？"西西瞬间就恢复到轻松的状态，调皮地问道。

"是呀，刚才……好……危险，你们……再仔细……看看溪水……里……有……什么……"他说。

兄妹俩仔细看看身边的小溪，流水清澈，溪底的乱石清晰可见，偶尔有一条小鱼欢快地游过。

　　"没什么呀！"小星奇怪地说。

　　"有没有……一块……与众不同的……石头？"

　　"咦，这一块好像不一样！"细心的西西说道。

　　"就……是……它！石头……鱼！它喜欢……躲在水底下，将自己……伪装成……一块……不起眼的……石头。你们如果……不小心踩着了，它的刺……会……轻而易举地……穿透鞋底……刺入脚掌，很快……你们……就会……中毒，并一直处于……剧烈的……疼痛中，直到……死……亡。"

　　它慢吞吞地说完这一段话，着实急坏了兄妹俩。他们好半天才明白，敢情刚才是从鬼门关前绕了一趟啊，兄妹俩下意识地抹抹额头的冷汗。

　　"我听爸爸讲过，这叫玫瑰毒鲉。它伪装为石头，静静等待食物的到来。它的硬棘有剧毒！"小星对妹妹说。

　　"唉，好不容易出来一趟，正准备整整人，谁知道被你破坏了。死树懒，整天慢吞吞的，还多话，坏我好事，算你俩走运！"一个阴冷的声音传来，小溪底部的一块不起眼的"石头"迅速游开了。正是西西刚才指出的那一块石头。

　　"真是好险！"兄妹俩吁了一口气，"谢谢你，树懒！"

三、好心的树懒

"不……客……气，其实……我叫……'三趾树懒'，我们……有脚，却不能……走路，终生……都……生活在……树上，极少……下地，所以……慢啊。我的族人……已经……越来越少了，快要……灭绝了，也不知道……是不是……因为……懒，我们……不得不……更加……仔细地……隐蔽……自己，不是……看到……你们……有……危险，我……才……不会……出声……提醒……你们呢。"树懒说。

"是呀，我们都是环保主义者，回去一定多多宣传生态环境保护，让更多的人都来保护像你们这样的珍稀生物！你下来，咱们聊聊，好吗？"兄妹俩急忙说。

　　"谢谢……你们……啦，我们……和你们……人类一样都……希望……有更多……的……朋友，但是……我……懒得……动，更……懒得……从……树上……下来，好……啦，我……睡觉……啦。"话刚说完，呼噜声就起来了。

　　"不愧是大名鼎鼎的'懒'，说话慢吞吞，能急死人，估计它一年的话都一次性讲完啦！"西西笑嘻嘻地说。

　　兄妹俩相视一笑，悄悄地回到小溪边，再一次仔细地检查了周围的情况，然后从背包里拿出食物，吃起了东西，喝起了水。

休息好之后，他们整理好背包，再次确认腕表上的信号和方向，沿着小溪踏上继续寻找的道路。

　　前方又会有什么样的惊奇或者危险在等着他们呢？不过，胆大心细的兄妹俩是没有困难不能克服的！

石头鱼：石头鱼的伪装能力令人叹服，它们喜欢躲在海底或岩礁下，就像是一块会动的石头。它们是毒性最大的水下动物之一。石头鱼那 12 至 14 根像针一样锐利的背刺会轻而易举地穿透鞋底刺入脚掌，使人很快中毒并一直处于剧烈的疼痛中，直到死亡。因此，很多人绝不会轻易与它们亲密接触。

三趾树懒：濒危的侏儒型三趾树懒，是世界上行动最缓慢的动物之一，视觉和听觉差，靠嗅觉和触觉获取食物，几乎终生生活在树上。三趾树懒毫不费力地攀附在树干上，人们几乎看不到它们。它们的灰褐色皮毛通常覆盖着藻类植物，使得它们的外表呈绿色。这可以帮助它们在栖息地很好地隐藏起来。

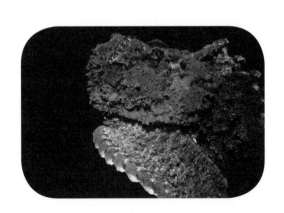

石头鱼

三趾树懒

考考你的眼力

你能找到它们吗?

第三章　树枝上的大战

一、奇异的香草

兄妹俩与三趾树懒分别后，按照腕表的定位指示继续寻找。

不多时，一片整齐的柳树林出现在眼前。柳树的枝条好像害羞的小姑娘低垂着头。阳光照进柳林，绿色显得特别青翠，好美呀！小星与西西满心愉快地步入柳树林，只见这里的柳树一大片一大片的，满眼都是绿色。

走着走着，西西发现树林渐渐变得稀疏起来，空中没有一丝云彩，也没有一点风，头顶上一轮烈日炙烤着大地，所有的树木都无精打采地耷拉着枝叶。

西西已经走不动了，咕咕叫的肚子在提醒她要吃东西补充能量了。这时，小星也感到饥肠辘辘，四肢无力了。于是，兄妹俩在一块干燥的草地上坐下来休息。而西西脑子里已经满是幻觉，朦胧中总是闪现

出模糊的画面：吃不到的牛排、喝不到的牛奶，还有汁水四溢的梨子和西瓜……她无力地吞了吞口水，靠在哥哥的肩上昏昏欲睡……

小星愁眉苦脸地看着妹妹，自己也正饿得发慌呢。突然，他闻到一阵清香，顿时肚子咕咕大叫起来。

循着香味，他们发现在不远处的小溪边有许多皮质肥厚、青翠欲滴，好似新鲜的竹笋的植物。这时一阵风吹过，香气更加浓郁了，这些不知名的植物好像在对他们招手。

小星高兴地拍拍西西："看来，这是一种香甜的、可以吃的东西。哈哈，这下就可以填饱肚子了，这真是得来全不费工夫！"

"嗯嗯，嗯嗯！"西西也连连点头。

原来，她已经口水"直下三千尺"啦，就像饿极了的狮子。此时，兄妹二人向"香味"狂奔过去，准备好好招待一下自己空空的肚子。

掰下一根就要往嘴里送的西西，突然对小星说："哥，这种植物叫什么名字？真的可以吃吗？"

小星一拍脑门说："对呀，冒失了，先检测一下，然后我们再吃也不迟。"小星打开背包，拿出自己发明的食物鉴别仪，炫耀似的晃了晃，然后用食物鉴别仪的全息摄像机对准这种竹笋般的植物。蓝光闪过，仪器没有报警，屏幕显示一切正常："OK，没有毒，可以吃！"

　　小星先吃了一点，味道真不错，甜甜的，香香的。妹妹也跟着吃了起来，越吃越好吃。过了一会儿，兄妹俩的小肚子撑得圆滚滚的。然后，他俩躺在地上，打算睡一会儿再继续前行。

　　睡着睡着，西西突然觉得明明是闭着眼睛在睡觉，但是心里很清楚自己是醒着的。（真的好奇怪！）好困好想睡觉，可就是睡不着，这是为什么呢？小星也有类似的感觉，糊里糊涂地也把眼睛闭上了……

二、我们变成小矮人啦

也不知道过了多久，太阳快落山了，天气也不是那么热了。兄妹俩几乎同时醒来，看到的是巨大的树干、遮天蔽日的树荫，而一朵红艳艳的巨型花朵正在他们头顶摇晃。

他们面面相觑，傻眼了！好一会儿，他们才缓过劲来，不约而同地大叫起来："我们变小了！"

难道爸爸说的"特殊的环境会导致自己的基因产生突变，形成特殊本领"又出现了？！

西西想起上一次暑假和哥哥去找爸爸的时候，路上天热口渴，于是吃了红色的浆果，然后在一棵大树下睡着了，醒来后，就变小了。

这炙热的阳光，这红色的花朵，这芳香的大树，还有刚才吃的香甜的植物，就形成了"特殊的环境"？

　　小星立刻安慰妹妹，让她冷静一下。于是他们坐在地上，让自己平静下来。他们觉得没有什么可抱怨的。

　　西西还想到了《格列佛游记》里的小矮人们都很聪明，而且变小以后会经历更多不同的场景，遇到许多意想不到的事件。她瞪着好奇的眼睛看着哥哥说："变小了多好呀，很隐蔽，不容易被发现。上一回，我们变小了走入地下世界，还结识了蚂蚁、田鼠、蝼蛄等好朋友呢！说不定这次也有一次奇特的小矮人历险呢！"小星想了想，觉得也对，笑着看了看妹妹说："对，让我们继续探险吧。"

　　两个人说完就整理好自己的行李，迎着光线继续往前走。西西想在树上走，哥哥也同意了。以前他们一直想有在树上行走的机会，就是个子高了不方便。现在身体变小了，还真满足了他们的心愿。哥哥迅速爬上树，拉着妹妹一起走。那种轻盈的感觉太好了，兄妹俩真希望一直都这么小。

　　小星走上一片树叶，好像看到有个东西趴在一根树枝上，和叶子的颜色一样，似乎还有轻微的呼吸声。"嘘……"小星示意妹妹小声点。他们好奇地轻轻靠近。

　　小星还小声地向西西解释："它叫'叶尾壁虎'，也被称为'恶魔叶尾壁虎'。它可以将自己完美地融入周围环境中，它身上的条纹和叶状的尾巴与枯树叶非常相似。当它们弯曲起来的时候，颜色只比树叶的颜色浅一点儿，而尾巴几乎与树枝融为一体，非常像卷起来的树叶。"

　　幸亏小星视力敏锐，听觉灵敏，要不然真发现不了这家伙！

　　"不要叫我恶魔叶尾壁虎，我不喜欢！"叶尾壁虎不高兴了。

三、树枝上的鏖战

就在小星和西西准备和这只奇怪的家伙说话时，旁边的一片叶子突然动了一下。他们屏住呼吸，以为它是另一只叶尾壁虎。

乍一看，它和落叶没什么两样。但仔细观察过后，小星确信它是另一种伪装成枯叶的动物，它与周围的树叶融为一体，让人难以辨别出来。

小星和西西都在思考："这是什么呢？"

就在他们思考的时候，叶尾壁虎也在想："这都是我玩过的把戏，我才不会上当呢，我要出击啦！"于是它悄悄靠近这片"枯叶"的隐身之处，准备发动袭击，饱餐一顿。

"枯叶"察觉到了危险，便"嗖"的一声飞走了。那双翅膀，简

直活力四射。

　　叶尾壁虎一惊，兄妹俩也吓了一跳。"这是什么呀？"走了很远，西西还在不停地追问小星，"哥哥，刚才那个枯叶虫到底是什么？我还没有看仔细，它就飞走了，好遗憾呀！"

　　小星在一旁安慰着妹妹："不用遗憾，说不定我们能再次遇到这种动物呢，走吧。"

　　"无所不知的哥哥，你也搞不清楚了，嘿嘿！"西西笑道。

　　天已经黑了，兄妹俩前进的速度也慢了下来。西西突然停下脚步，做了一个手势告诉哥哥停下来。她发现那个活力四射的昆虫正在咀嚼树叶。他们清晰地看到了它那活动的长触角和长腿。这也是唯一能够辨别出这是树螽的方法。

　　哈哈，西西终于想起来这种动物的名字了，她特别开心。她知道，树蟊是昆虫中模拟植物的能手，它们的身体就像是长满菌类的树叶。

树蟊挺自大的，自言自语道："我是大自然最会伪装的高手，谁都别想发现我！谁也没有我厉害。我能够惟妙惟肖地模仿身下的任何一片树叶。这充分说明了我那令人难以置信的伪装本领。"

这时，叶尾壁虎还是不死心，追了上来，气愤地看着眼前这个自以为是的家伙，准备一口吞掉它。自然界这两个真正的伪装大师马上就要大玩躲猫猫的"捕食大战"啦。

"不要打,不要打！"西西大叫道。

"不要管我们,陌生的小矮人！"叶尾壁虎也叫了起来。

阻止不了它们的争斗，那就当一回观战者吧。小星与西西在一棵倒伏的树干上停住了前行的脚步。

此刻，远处的另一只树蟊也早已经伪装成一片树叶。它伏在那里一边等着一边想："狡猾的叶尾壁虎马上就要送到自己跟前来了，我得让它知道我的厉害，让它明白我们树蟊才是自然界的伪装高手，我们可以躲过任

何天敌的猎杀。"

　　原先那只树蠹，此时颜色、形状和纹理看起来都很像树叶，简直就是一片真正的树叶。这小东西这一刻正一动不动地待在那里。

　　这时，叶尾壁虎已经悄悄地爬近它的身边。但狡猾的叶尾壁虎绝不会靠得很近，它极为小心的活动中隐藏着杀气。

　　夜色中，叶尾壁虎瞪着它那双大眼睛，趴在那里静静地寻找机会，表现出了极大的耐心。这时，与它保持 2 ~ 3 厘米距离的树蠹也按兵不动，准备找到最佳时机才行动。

　　一旁的西西看得着急了，以为叶尾壁虎会直接把树蠹给吃掉呢。就在这时，西西看到一个长长的灵巧的舌头从她眼前擦过。这舌头瞬间像箭一样射出去，又迅速收回来。

　　"天啦，这速度太快了！"西西呆立着。

　　此时，如闪电般的舌头还在呼啸着来来去

去，兄妹俩的脸庞似乎感受了舌头划过的微风。小星反应过来了，拉着西西迅速躲到一个高一点的树枝上。

在叶尾壁虎猝不及防的进攻下，树蟊看来要完了。

没想到，树蟊在枯叶的掩护下，逃了一命（叶尾壁虎只卷去一片枯叶）。与此同时，早已经埋伏在一旁的另一只树蟊看清了状况，迅猛地发起了攻击，用自己的头去攻击这个偷猎者。这位援兵离叶尾壁虎很近，压制住了对方进攻的舌头。

它们灵巧地飞舞，一次次进攻，一次次躲避叶尾壁虎的攻击，慢慢地消耗叶尾壁虎的体力。

叶尾壁虎面对两只树螽的左右夹击，经过数十个回合的苦战，也无法完成捕食任务，累得气喘吁吁。

最后叶尾壁虎说了一句话："你们算什么好汉，两个打一个，耍赖皮，我不和你们战斗了，等我找来朋友一起决战。"说着，它灰溜溜地逃走了。

"你快走吧，别来打扰我们安静的生活！"树螽愤怒地回道。

两个对付一个，最终树螽获胜。它们得意地拍打着翅膀离开了。

刚才的情景真是太令人惊叹了，兄妹俩不住地赞叹大自然的奇妙，并继续他们的行程。

叶尾壁虎

叶尾壁虎：又叫"恶魔叶尾壁虎"，是一种伪装能力极强的壁虎，常常趴在树枝上，将自己完美地融入周围的环境中。它身上的条纹和叶状的尾巴与枯树叶非常相似，是马达加斯加岛最独特的物种之一。它们除了可以变成褐色或者灰色外，还可以变成黄色、绿色、橙色以及粉红色，甚至还能变成透明的。其家族共有9个成员，体长从8厘米到30厘米不等。这些伪装大师的大眼睛能帮助它们在夜间捕猎，大嘴巴可以帮助它们吞下比自己体型更大的猎物。

树螽：主要在夜间活动，以其响亮的鸣叫著称。其后腿大，触角很长，呈丝状。许多树螽有长翅，通常较大，呈绿色，但有些常见种则几乎无翅。树螽在热带最多见，亚马逊雨林栖有约2,000种，也见于全球较冷及干旱地区。常栖于树上、灌木丛或草丛中，其外观常与周围环境相融合。由于它们这种外观，以及少在日间活动，因此，尽管这群昆虫遍布各地、多产且种类繁多，却鲜为人知。

树螽

你能找到它们吗？

第四章　凶残的植物

一、植物也吃肉？

小星和西西边走边讨论刚才的伪装大战。小星赞叹大自然给了这些高手们伪装术。

西西天真地说："等我们回到家，一定要让妈妈给我做一件和叶尾壁虎一样的枯叶衣服。这样的话，等到秋天，一家人再到树林里捉迷藏，大家就找不到我啦。"

"不要说以后大家找不到你了，现在我都快找不到你了。"小星笑着说。

听了哥哥的话，西西回过头去看哥哥，也只能借着树叶漏下的月光勉强看见哥哥。

"又到了睡大觉的时间了，我们找个地方睡觉吧，哥哥！"此时，小星也打起了哈欠。

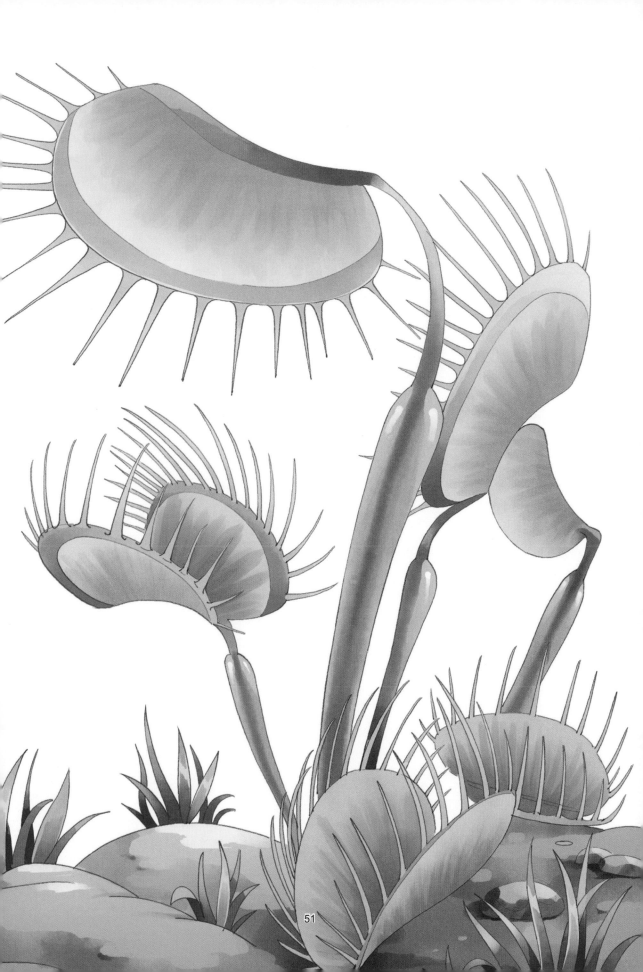

兄妹俩找到了一个树洞，睡在里面，而且睡得很沉、很沉。

"咚咚、咚咚！"

也不知过了多长时间，睡梦中，小星、西西同时被一阵有节奏的敲击声惊醒了。睁眼一瞧，噢，是附近的一棵树上，大斑啄木鸟在敲击树干寻找食物呢！

此时天已大亮。"我们出发吧！"小星说。

于是，兄妹二人钻树叶、爬树干、绕藤蔓、躲猛兽，一路跋涉，终于离开了那片枝叶蔽天、藤蔓缠绕的树林，走了出来，兄妹俩长长地舒了一口气。

展现在他们面前的是巨大的草丛，美丽极了。西西被一种长着维纳斯的睫毛般的植物吸引了，它的叶子好像两片大大的贝壳。西西对这"贝壳"眨眨眼睛。她以为"贝壳"也会对她眨眼睛，可是"贝壳"一动也没有动。西西连忙喊哥哥过来看个究竟。

一旁的小星凑了过来和妹妹一起研究这个奇怪的"贝壳"。哥哥真是火眼金睛，一下子就认出这个"贝壳"了，并且将腕表上的资料展示给西西："这种植物是原产于北美洲的一种多年生草本植物，是一种非常有趣的食虫植物，它的茎很短，在叶的顶端长有一个酷似"贝壳"的捕虫夹，且能分泌蜜汁，当有小虫闯入时，能以极快的速度将其夹住，并消化吸收。这种捕蝇草被誉为自然界的肉食植物。捕蝇草独特的捕虫本领与酷酷的外型，使它成为了很多人宠爱的食虫植物。"

　　西西听得都出神了。她以前只听说过很多动物是吃植物的，今天第一次听哥哥说植物还可以吃动物，这真是太不可思议了。西西好奇地问哥哥："咱们能看到这个捕蝇草吃动物吗？"

　　小星笑着说："那得看今天的运气了，这里有许多捕蝇草，咱们继续往前走吧，也许会遇见这样难得的场面。"

二、竹节虫落入虎口

一路上，西西还在想着捕蝇草如何吃动物的事，越想越觉得好奇。她多么想马上就看到这个场景，了解这种植物的生存方式，那一定是叫人胆战心惊的吧。

小星心里想的则是怎么样把自己变回原来的样子，怎么样赶快找到飞行器。

不觉间，他们走进了一片竹林，翠绿一片，清新极了。

　　突然，西西大叫了一声："哇！谁要吃我？"哥哥也是吓了一跳。

　　原来是另一种捕蝇草，张着"血盆大口"，要吃人似的，看着确实可怕。由于兄妹俩已经变小了，这捕蝇草的"血盆大口"看起来尤其阔大、可怕，好像一不小心就会把他们吞进肚子里。

　　小星安慰着妹妹："你不要紧张，它们不会移动，我们小心点就行了。"

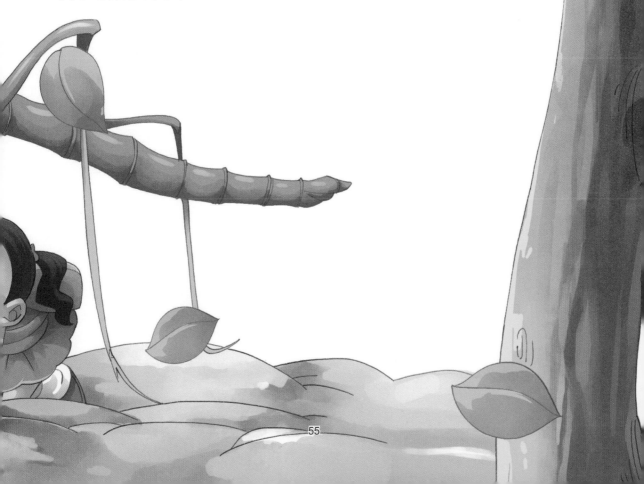

就在这时，他们感觉到周围有个东西在慢慢靠近自己的身体。

在野外生存，兄妹俩知道要时刻保持高度警惕。小星朝妹妹做了一个"嘘"的动作。定睛一看，原来是一只竹节虫慢慢地爬了过来，它从小星和西西身上爬过。他们感觉身上痒痒的，却不敢发出声音。

这只竹节虫细长细长的，全身都是绿色的，若不注意，真以为是枝干上生出的小小侧枝呢！这时，竹节虫似乎闻到了它喜欢的味道，就是那捕蝇草的味道。因为捕蝇草的叶缘含有蜜腺，会分泌出蜜汁来引诱虫子靠近。它在那里静静地等着猎物靠近，一点声音也不发出来。

为了不打断这个精彩的捕食过程，小星用眼神告诉西西，精彩一定在后面呢。

竹节虫越过他们的身体靠近了捕蝇草，它一定觉得今天自己可以美美地享受一顿大餐，正得意忘形地看着这自然界的"绿色蔬菜"呢。当然它也是很警惕的，毕竟自己的同胞在这样的环境中也死伤过很多，有些还历历在目。

三、技高一筹

竹节虫先用它长长的嘴巴试探性地碰了一下捕蝇草的刺毛，也就是感觉毛。"竹节虫是具有高超的隐身术的昆虫。当它趴在植物上时，会使自身的体形与植物形状相吻合，装扮成被模仿的植物，或枝或叶，惟妙惟肖，如不仔细端详，很难发现它的存在。"小星在妹妹耳边轻声解释道。

捕蝇草在一旁按兵不动。其实狡猾的捕蝇草已经做好猎食的准备了。"它的感觉毛的基部有一个膨大的部分，里面有一群感觉细胞。感觉毛的作用如杠杆，虫子推动了感觉毛，使得感觉毛压迫感觉细胞，感觉细胞便会发出一股微弱的电流，去通知捕虫夹上所有的细胞。由于电流会通向整个捕虫夹，捕虫夹便会迅速做好准备。"小星再次解释道，西西的眼睛里闪着惊异的光。

竹节虫第二次触碰捕蝇草时，捕蝇草的捕虫夹快速关闭起来，对竹节虫笑呵呵地说："对不起了，小兄弟，今天你是逃不出去了。"

捕蝇草说完，便用捕虫夹夹紧竹节虫，并使劲向内收缩，以使捕虫夹的内侧能够尽量贴近竹节虫。竹节虫这才恍然大悟，大叫道："不好了！这下中计了，赶快逃跑！"它拼命想挣脱这个该死的夹子。它以前还有一手绝招：只要树枝稍有振动，它便坠入草丛中，收拢胸足，一动不动地装死，然后伺机溜之大吉。此时这招不管用了，它就尽力

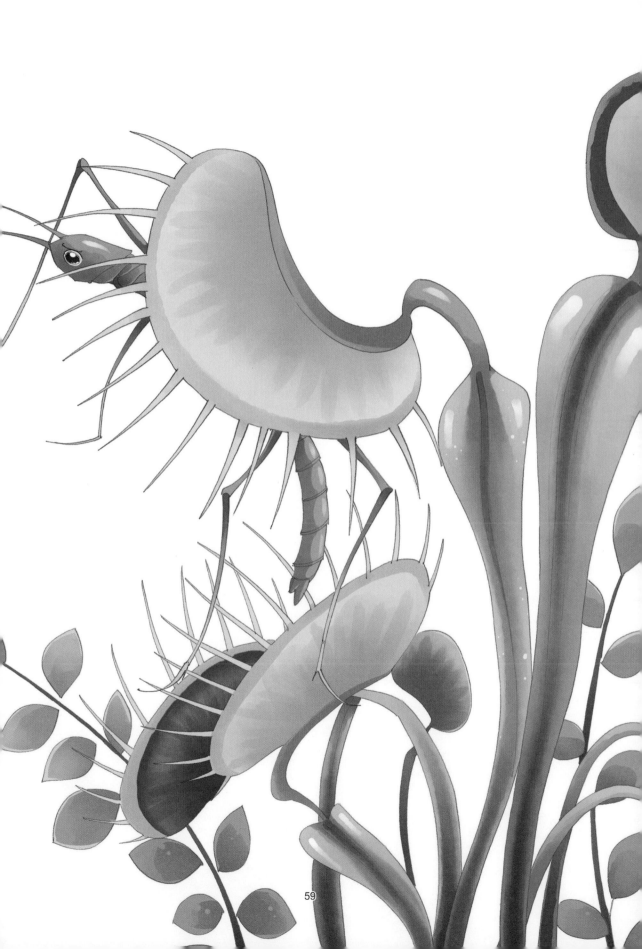

将自己的中、后胸足伸展开，并抖动着。因为竹节虫胸足的腿节与转节之间有缝。竹节虫想到自己还有一招，就是遇敌时让腿节脱落。腿节脱落后能生出新的腿节，没什么好怕的。竹节虫拼命想逃脱，保留自己的一条命。可捕蝇草也在想着怎么对付这个狡猾的对手。它的感觉毛就像是设定了定时装置一样，等到第二次确认闭合时，捕虫夹已经完全闭紧了，不留一点缝隙。竹节虫悲哀地发出最后的呼救："谁来救救我呀？"此时，它无论怎么挣扎，也无济于事了。

小星和西西也被眼前这一场大战惊呆了。"大自然动植物的捕食是如此巧妙，每一个设计都是为它们的生存服务的。"西西惊叹道。竹节虫将被捕蝇草的夹子关闭数天到十几天，渐渐被分布于捕虫夹上的腺体所分泌的消化液消化。

兄妹俩充满了恐惧，他们也在担心回家的路上是否还会遇到这样的大战，说不定自己也会卷入战争中。他们现在的愿望就是尽快恢复原来的大小。那样，才是最安全的。

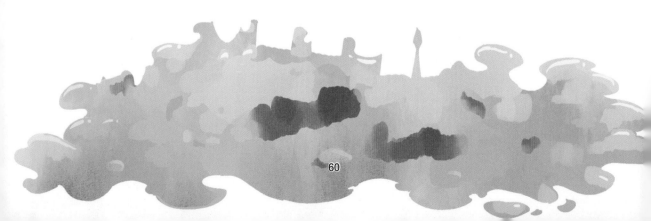

竹节虫

竹节虫：因身体修长酷似竹节而得名，有翅或无翅。体长而大，为中型或大型昆虫，一般体长为6至24厘米。最大的可达40厘米！前胸节短，中胸节和后胸节长，无翅种类这个特征更明显。多数竹节虫的体色呈深褐色，少数为绿色或暗绿色。分布于中国湖北、云南、贵州等省。

捕蝇草：捕蝇草是食虫植物，被誉为自然界的肉食植物。它们拥有完整的根、茎、叶、花朵和种子。它们的叶片是它们最显眼的部位，拥有捕食昆虫的功能，好似张开的血盆大口。它们原产于北美洲，为多年生草本植物。 此草在受到刺激之前，捕虫夹呈60°角张开着；当受到昆虫刺激时，捕虫夹以其叶脉为轴闭合起来。捕虫夹的闭合与捕

捕蝇草

虫夹上的细胞膨胀有关。当捕虫夹上的细胞得到感觉细胞所发出的电流，其外侧的细胞便快速膨胀，使得捕虫夹向内弯，因而闭合。

考考你的眼力

你能找到它们吗?

动物伪装术

（下册）

DONGWU WEIZHUANGSHU

王士春　主编

王成科　周军华　史永翔　著

全国百佳图书出版单位

时代出版传媒股份有限公司

黄　山　书　社

小朋友们，小星和西西给大家准备了很多好玩又有用的阅读资料呢！快来拿吧！

目录

第五章　优雅的杀手

一、山中小窝棚

"快走吧，天气不好，快要下雨了。"小星看着阴沉沉的天空说道。两个人心里非常清楚，自从变小以后，以前一场不起眼的小雨，现在对于他们来说就是一场不可估量的灾难。

小星在前面，一面寻找合适的路，一面寻找晚上可以休息的地方。

"西西，你看，前面山脚下有一个很大很大的窝棚呢！""真的吗？这下好啦！肯定有吃又有住的啦！"小星与西西一阵欢呼。

没想到，这时已经开始飘起了小雨。两人跑呀跑，终于跑出了灌木丛，来到了一条小溪旁。清澈见底的小溪里还有几条不知名的小鱼在那里悠闲地追赶嬉戏着。西西还没有来得及仔细听鱼儿们说话，就被越来越大的雨赶到了一棵"大树"（其实是一棵"高大"的大叶植物而已）脚下。小星和西西担心洪水过来，就一人掰下一片大大的叶子顶在头上，继续向小窝棚跑去。

3

他们终于跑进了这个温暖的家，环顾四周，墙壁是用石头简单垒成的，顶上是一层又一层树枝与树叶，还有个小窗户呢！

"哥哥，你看，这儿还有一个床呢！"西西欣喜地叫道。

"床？对于我们已经没有意义了，那两个凳子就够我们睡觉的了。""噢！"西西差点忘记自己已经变小了。

兄妹两人决定在这里休息啦，顺便把淋湿的衣服晾干。不一会儿，雨过天晴了。近处，野花灿烂，树木葱茏，一幅热带雨林的景象；远处，天边挂着一道美丽的彩虹。看着眼前美好的景致，兄妹俩有点陶醉了。

"多美啊！"小星一边欣赏美景，一边赞叹道。兄妹俩都坐在床上休息。

"这是什么？"兄妹俩在床头坐久了，感觉屁股被硌得很疼。小星和西西合力从垫被下面费力地翻出了一个麻布包。然后，他们一层层地把麻布包打开来，里面竟然是干粮！还有咸鱼。这可把兄妹俩乐坏了。

"我觉得这是山里人为过路的采药人准备的，我们正好可以饱餐一顿。"

"好吃，好吃！"这时，饥不择食的西西已经在大快朵颐了，还边吃边说，"山里人真是朴实，心肠真好。"

　　兄妹俩正吃得起劲时，"唰"的一道白光飞快地在小星面前闪过。小星吓得手一哆嗦，一块肥嘟嘟的咸鱼就掉到了地上，这可把他气得不轻。

"是什么东西？飞来飞去的真讨厌。西西，快点，我们来用可视
智能腕表查一查周围有没有危险。"

于是，二人用腕表对着四周拍了几张照片。腕表就开始对照片进
行分析，几分钟后传来了结果："周围环境暂时安全，无大型野兽活
动的痕迹，注意昆虫叮咬。"

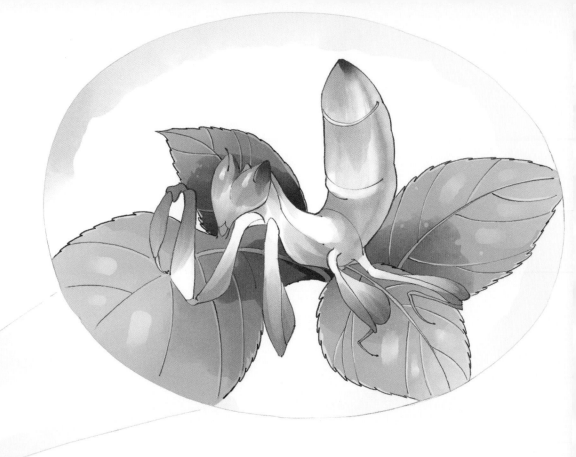

二、原来是它

"腕表有没有显示附近有没有什么白色的飞行物啊？"小星急忙
问道。

"暂时说没有什么发现。"西西答道。

"难道是我这几天没吃饱，眼睛花了？那我得赶紧多吃点。"小
星看着掉在地上的咸鱼，很珍惜地拿到外面用窝棚边的溪水洗了洗，
就着干粮吃了起来。

可是，小星还没有来得及吃上两口，又是一道白光"唰"的一下
在面前飞过。这次小星可没有被吓到，反而想要用手驱赶这个怪异的
小飞虫，可惜什么也没有打到。

　　西西一脸愤怒地说："你们这些讨厌的小虫子飞来飞去打扰我吃饭，你们要是再来，我就要用火把来对付你们了。"

　　小星低头正想吃第二口，"哇，我的咸鱼呢……"还没等他说完，又是几道白光飞过。两人手上的咸鱼瞬间就没有了。两人顿时头皮一麻，都感到这件事情有些蹊跷。

　　小星迅速用可视腕表扫描了一下周边，可是腕表光有"滴滴滴"的声音，没有显示内容。兄妹俩也不知道这个不明飞行物到底是什么。

小星与西西绕着窝棚转了一圈，仔细寻找，也没有发现什么特别之处。周边只有几处草丛和一些滑溜溜的岩石。这草丛中开着几朵白色的兰花。走近一看，白色的花瓣上还有些淡淡的粉红色，在雨水的衬托下显得晶莹剔透。

西西看到后十分喜爱，刚想要用手摸一下这花朵，"唰"的一下，又是一道白光，把西西吓得一哆嗦。"眼花了，眼花了，到处都是白光，哥哥，快来看看，兰花也不见了！"

小星急忙赶过来问道："你没有事吧？有没有受伤？""还好，就是被吓了一下，你看这兰花也不见了。"西西心有余悸地说道。

让智能腕表来寻找答案吧，不一会儿，设备上传来了资料："兰花螳

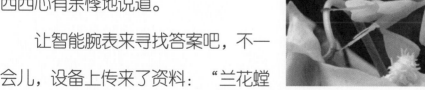

螂是一种生活在热带雨林中的螳螂，它们通常将自己的身体伪装成充满美感又极具欺骗性的兰花形态。猎物出现时，它们就会展示出敏锐的视觉和极快的出击速度，迅速俘获猎物。"

"难怪会有这样的事情，让我们和它们聊聊吧。"

"美丽的兰花螳螂，出来吧，我们是不会伤害你们的。我想你们可能是饿了。你们看，我手上还有好吃的东西。"西西把手中的食物拿到了一块大岩石上，自己还往后退了好几米，静静地等待兰花螳螂的出现。

三、做客螳螂营地

不一会儿，几道白光飞速地出现在了岩石上。两个人仔细地观察着这几个可爱的小家伙，不由得发出一声惊叹。它们居然是长得像兰花的螳螂，雪白的躯干，淡紫色的翅膀，不仔细分辨，真会把它们当作兰花。

"大自然竟有这样神奇的动物，我还是多拍些照片回去跟同学们分享吧！"小星用腕表对准螳螂就是一阵狂拍。

一只螳螂在岩石上举起了两个白色大爪子，说道："你们是谁？我可不怕你们。别看我个头小，我可是这片草地的明星，只要我振动几下翅膀，我的同伴就会来帮助我。要不是你们的食物闻起来太诱人了。我才不会轻易出现呢。"

"哦，原来是这样啊，那你们放心吃吧！我们是来探险的奥小星、奥西西兄妹。我看你的样子实在是太独特了，想跟你合个影。"小星和西西解释道。

"原来你们是来探险的，你们不知道这片森林里危机四伏吗？你们碰到我们算运气好的。我叫皮克。"皮克伸出手，不是，是伸出爪子，和兄妹俩分别握了握，"我们现在是朋友了，哈哈。别看我个头小，我可会上天入地，无所不能。再过几天，我们就要和草地上的蝗虫家族来一场大战了。不过你们也不要害怕，我听我的母亲说过，几年前我们就打败过它们。别看它们数量众多，来势汹汹，破坏环境，毁灭家园，可碰上我们，那就遇到它们的克星了。我们就是这片草地的保护神。对了，你们可不要乱丢东西啊，不然会影响到这里的环境的。"

听了如同广告词般的介绍后，兄妹两人相视一笑，说道："螳螂大战蝗虫，这可是难得一见的奇观啊。要不要我们来帮忙啊？"

"我们都是丛林战士，看到我手上一对锋利的大刀了吗？为了这一天，我们每天都在苦练杀敌本领。丛林法则第一条：物竞天择，适者生存。如

果我们失败了，那也是大自然的选择。不过我想也不会有那么一天的。"

"听了你的话，我们也热血沸腾，那我们就等两天，看看这场奇观吧。"兄妹俩决定留下来，体验一下螳螂的生活。这个机会，难得至极啊！

在皮克的安排和引荐下，小星和西西顺利地在螳螂的营地安顿下来。不久，沐浴着从森林里高大的树冠漏下来的星光，兄妹俩缓缓地沉入梦乡。这几天都绷紧了的神经，现在可以放松下来了。

知识百科

　　螳螂：亦称"刀螂"，在古希腊被视为先知。因螳螂前臂举起的样子像祈祷的少女，所以又称"祷告虫"。除极地外，分布于世界各地，尤其以热带地区种类最为丰富。世界已知2,000种左右。

　　兰花螳螂：产于东南亚的热带雨林区，不同种类的兰花丛中都会生长着各种兰花螳螂。它们有最完美的伪装，而且能随着花色的深浅调整自己身体的颜色。兰花螳螂算是螳螂目中最漂亮抢眼的一种了。它们的步肢演化出类似花瓣的构造和颜色，可以在兰花中拟态，而不会被猎物察觉。这是最适合螳螂的掠食方式。

　　魔花螳螂：被人们称为"螳螂之王"。外表美丽，体型独特，数量稀少，是所有模拟花朵的螳螂种群中体型最大的一种。它们

魔花螳螂

善于利用其美丽的伪装，耐心地等待猎物的到来。当它们张开翅膀、伸出前臂时，看起来会非常大——这其实只是为了吓跑掠食者和比它们本身大的猎物。它们的外形如花朵般艳丽。身上有红色、白色、蓝色、紫色、黑色等保护色来威吓敌人，保护自己。

刺花螳螂：产于非洲东部至南部地区，因全身布满棘刺而得名。它们的习性与兰花螳螂十分相似，都属于昼行性的树栖昆虫，且个性温顺。它们的生命周期只有不到一年时间。

枯叶螳螂：外形酷似枯叶。头呈三角形，且活动自如，复眼

枯叶螳螂

大而明亮，触角细长，有枯叶状扩张的背板，颈可自由转动。体色棕色，有模仿枯叶的深色和浅色斑点。它的胸部恰似半片枯叶。一对翅膀收拢后，看上去就更像一片完整的枯叶。腿也恰似残叶叶柄，连"叶脉"都清晰可见。

枯叶螳螂是大名鼎鼎的拟态猎手。

小提琴螳螂：分布于印度南部和斯里兰卡。它们因整体形态犹如小提琴而得名。小提琴螳螂是静候捕猎的种类，需要提供纱网供其攀爬。小提琴螳螂喜爱捕食那些飞行的昆虫，如蛾子、蝴蝶等。

你能找到它们吗？

第六章　兰将军的神刀行动

一、大战之前的准备

　　第二天，几百只螳螂聚集在一棵大树下，开着每年都要举办的"灭蝗"战斗动员会。

　　会议开始的时候，一只身穿紫中带白战袍的螳螂走上台，看上去活像一簇兰花。它走起路来，缓慢而有力，好不威风！它清了清嗓子宣布道："今年的大会由我主持，我是刚刚走马上任的总指挥——兰将军皮克。"坐在下面的螳螂们半信半疑，纷纷嘀咕起来。

小星兄妹看到它的这番介绍，也不由自主地坐在草地上认真听起来。

　　兰将军皮克见此情景，慢条斯理地说："灭蝗指挥部刚刚查明，咱们这块草地最适合蝗虫产卵。这里终年阳光照射，土质松软，而且植被丰富，为这些蝗虫提供了大量的食物来源。据估算，在面积为 100 平方米的草地上竟有几万只蝗虫卵。当虫卵变成成虫时，就会出现成群的蝗虫，会给我们珍贵的森林造成巨大的损失。所以今年要完成一个代号为'神刀行动'的灭蝗计划！"

　　"另外，"皮克清清嗓子继续说道，"今年的任务比较重，光靠

我们是不行的，所以我们要动员一切力量，来消除蝗虫带来的灾难。"

坐在下面的螳螂们脑子里都画了一个大大的问号。等兰将军把行动方案讲清楚后，它们脑子里的问号一下子变成了惊叹号。

听完了作战方案后，西西不禁为这个兰将军竖起了大拇指。小星也感叹道："不愧是兰将军，果然有大将风范。这样的安排，绝对是天罗地网，一网打尽！"

"过奖，过奖。我也是做我们螳螂该做的事。你们就做我们的军师吧，一起见证'神刀行动'的威力啊！"兰将军说道。

第三天早晨，"神刀行动"就开始了前期的准备工作。兰花螳螂带领几只螳螂来到草坪中央，那儿有一个不大的洞口，下面是四通八达的隧道。这里是蚂蚁的家。

"奇奇，在里面吗？"站在蚂蚁洞口，西西想起了上次在地下世界中结识的好朋友——蚂蚁奇奇。

"别傻了,这儿离奇奇生活的地方有十万八千里呢。"小星提醒道。

这时，几只螳螂已经对着洞口大喊："有请黑力士。"声音传到洞里，被一只体型巨大的蚂蚁听到了。它便是兰将军要找的黑力士。可千万别小看这只蚂蚁，这一带的蚂蚁都得听它的，要不它怎么叫"黑力士"呢！

知道上面有人找它，黑力士真是喜出望外，整整黑色"礼服"，不慌不忙来到洞口，露出那尖尖的鼻子问道："是谁找我？"兰将军急忙回复道："我兰花螳螂，不对，应该是兰将军，无事不登三宝殿，只是想请您帮助消灭……"

　　兰将军话未说完，小星旁边的几只螳螂纷纷抢着说："酬金优厚，省时省力，还能解馋。"它们几个的话还没说完，蚂蚁有点不耐烦了，大声喊："别绕圈子了，你们让我干什么，就直说！"

　　"消灭蝗虫的幼虫。"螳螂们一齐答道。

　　黑力士哈哈一笑说："这点小事包在我身上了。我正担心没有过冬的食物呢，这下可好了。"

二、大作战

下午，黑力士亲自率领一支队伍在草坪上打响了灭蝗的战斗。

战斗中，小星想："按正常速度，半天才消灭 500 个虫卵，要想在幼虫出生以前把它们都消灭掉，可真是异想天开。"小星迅速和黑力士商议后决定：再派一支队伍参与战斗，提高效率，能吃的吃，吃不了的就咬死，然后拖到洞里作为过冬的食物。

地下的蚂蚁激烈地奋战；地上的螳螂也在不停地寻找准备逃走的蝗虫；而树上几十只燕雀也紧张地飞来飞去，不断从树上和草地上捕

捉蝗虫；在不远的河边，青蛙大军早就趴在那里等待敌人的到来，它们的任务是把一只只飞来飞去的蝗虫全部吞入口中。这样，陆、海、空三军多兵种协同作战，整整忙碌了三天。再看那十万蝗虫大军已溃不成军了。

这回可是史无前例的大胜仗，它们消灭了一个蝗虫集团军。在庆功会上，兰将军乐得复眼几乎都并到了一起，黑力士也在这几天吃得肚大腰圆，每个圆滚滚的青蛙都喊着要去多做运动减减肥。

　　这场战斗这么顺利地取得胜利，出乎了小星兄妹的意料。没想到这么多动物会不约而同地走到一起，来维护森林的生态平衡。

　　而在另一边，死里逃生的蝗虫则躲在一个偏僻的草丛中。蝗虫们都垂头丧气的，心想："我们还没来得及发威，就被天敌们给消灭得所剩无几了，吃了蝗虫史上从未有过的败仗。哎，这些天敌真是诡计多端啊！"

　　蝗虫的远亲螽斯一直伪装成树叶，静静地观看着这场战斗的进展。生性好斗的螽斯，看到兰将军如此高强的武艺，也忍不住想和它切磋一下。于是它静悄悄地潜伏在兰将军回家的路上，耐心地等待猎物的出现。

　　兰将军首次指挥灭虫大战就旗开得胜，不免有些自鸣得意。庆功大会结束后，兰将军和小星兄妹一起往回走。正走着，大家忽然感觉到头顶上一阵凉风袭来，不由自主地往后退了几步。忽然，他们眼前出现了一个体型巨大的"蝗虫"。兄妹二人被这个庞然大物吓了一跳，迅速地躲到了兰将军的身后。

　　兰将军说道："好啊，我正想饭后活动活动，没想到这下连蝗虫的亲戚都来送死了，正好免得我花一番力气去找。小星、西西，你们可要睁大眼睛了，看我是如何打败这个自不量力的'蝗虫'的。"

三、螽斯的挑战

"我才不是什么蝗虫呢，我是蝗虫的远亲——螽斯。看到你这几天杀虫无数，武艺高强，特来和你切磋切磋。"话没说完，螽斯一下子跃起两米多高，张开嘴，亮出它那锋利的尖牙就想给对手一个突袭。兰将军也是面不改色，双翅一震，迎着敌人，亮出了它那招牌式的"双刀"。在空中，双刀和尖牙硬生生地碰撞了一下，双方落地后又迅速摆好阵势，准备进行第二回合战斗。

就在双方对峙时，小星仔细地观察了这个对手，暗暗地吃了一惊。对手比兰将军大上了好几倍，肌肉异常发达，弹跳力非凡。对手这么大的体型，再配上它那一双锋利的尖牙，战斗力异常强劲。兰将军可要小心应对呀。

就在双方剑拔弩张时，黑夜中，一束强光打破了这里紧张的气氛。原来是小星使用了智能腕表的手电筒功能。强烈的光束对着敌人照了过去，瞬间让螽斯短暂性失明。螽斯迅速虚晃一招，"唰"的一下跳入了草丛中，不见了身影。西西看到，兰将军在树干上还摆着一副战斗的姿势，便跑过来和它打招呼。兰将军长舒了一口气。

小星迅速查阅了资料，并告诉了兰将军。"对手可不是一般的昆虫，而是昆虫界战斗力排名前三的高手。要不是我刚才用了强光，或许你难逃此劫。"小星说道。这把兰将军吓得一身冷汗，直呼："强中更有强中手啊！"

"或许，这就是大自然的魅力吧，没有绝对的强者和弱者，强弱只是相对的。这是一种生态平衡，在动物世界里，所有的动物都有属于自己的一片天空！"西西感慨地说。

此刻，夜已深了，再无危险，三人，不对，两人一虫，漫步在林间，跟随着萤火虫，观赏着奇妙的森林夜景。

知识百科

　　螽斯：在中国北方被称为"蝈蝈"，是鸣虫中体型较大的一种，体长在4厘米左右，身体多为草绿色，也有灰色或深灰色的，外表很像蝗虫。螽斯善于跳跃，不易捕捉。有时捉住了它的一条腿，它会毫不犹豫地"丢足保身"，断腿逃窜。螽斯最突出的特点就是善于鸣叫，是昆虫"音乐家"中的佼佼者。雄虫的翅脉近于网状，其触须细长如丝状，黄褐色，可长达8厘米，后腿长而大，健壮有力，弹力很强。

　　蝗虫：俗称"蚱蜢"，种类很多，全世界超过了10,000种。分布于全世界的热带、温带的草地和沙漠地区。具咀嚼式口器，前翅狭窄而坚韧，盖在后翅上，后翅很薄，适合飞行，它的触角没有螽斯那么长，呈短鞭状，但拥有强而有力的后腿，可利用弹跳来避开天敌。为植食性昆虫。主要危害禾本科植物，是农业害虫。

你能找到它们吗?

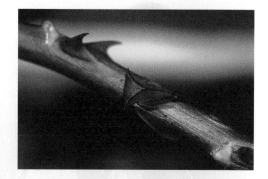

第七章 海底奇特的面具

一、飞起来了

亲历这场大战的小星和西西兄妹，真是大饱眼福。第二天，它们告别了兰将军，踏上了继续探险的征途。途中，他们还在不停地讨论这场大战，几个群体的配合，兰将军的精彩指挥，都给兄妹俩留下了难以磨灭的记忆。

小星说："我们探险的过程精彩是精彩，可是身体缩小后，每次只能前进那么一点点距离，要多久才能找到飞行器啊，我们假期旅行剩下的时间不多了。"

"万不得已的情况下，可以向爸爸求助。"西西说道。

"对呀，现在可以向爸爸求助啦！"

无奈的兄妹俩只好打开腕表，联系爸爸。很快，爸爸出现在眼前的屏幕上，微笑着问："孩子们，怎么了？遇到难题啦？"

"爸爸、爸爸，我们本来想靠自己的能力解决的，可是实在没办法啦。事情是这样的：飞行器丢了，好在腕可以定位，我们准备一边在森林里探险，一边寻找飞行器。可是，前几天我们吃了一种植物后，身体变小了，你看！"西西抢着说，并且把腕表举高，正好照出他们缩小后的全身。

"你们两个小鬼头，我告诉你们，你们身上的特殊基因必须通过特殊环境的触发，才可以出现突变，恢复身高。"

爸爸说道，"不过，我还有别的高科

技方法。你们现在可以打开腕表的绿色按钮，开始扫描。"

西西按下腕表的绿色按钮，绿色光线很快扫过兄妹俩全身。

"好了，分析完毕，我把解析后的还原程序传给你们。你们用腕表上的红色按钮扫描全身，即可恢复正常身高。记住，你们目前处在热带雨林，天热多雨，动物也极为繁多，危险性较高。找到飞行器之后，你们一定要尽快返回，遇到危险情况，千万别忘了呼叫我！"爸爸叮嘱道。

"好的，好的，谢谢爸爸！我们记住啦！"兄妹俩大声说。

"对了，还有，我们家族的基因突变功能，是在遇到特殊情况时，加上自己的意念支持，才可以实现，你们可一定要记住！另外，我的探险工作也即将结束，我很快就回家了。你俩快点回家，我有好多精彩的故事等着讲给你们听呢！"爸爸又说。

"好啊，好啊！我们也有好多奇妙的经历要告诉爸爸呢！"小星和西西一边按下红色按钮等待扫描，一边高兴地说。

中断了和爸爸的通话后，兄妹俩渐渐地恢复了正常的身高，他们再次信心百倍地踏上征途。

半天的奔波，使两人汗流浃背，气喘吁吁。

在一棵大树下，小星和西西坐了下来。"咦，这样的场景好像见过。"西西叫了起来。

奥小星急忙环视四周，又是火辣辣的大太阳，又是一棵结着红浆果的大树。是的，熟悉的场景！

　　"上次，我们一起掉进蚂蚁洞的那次……"二人陷入那次基因突变后在土壤里历险的回忆中。

　　突然，两人身体变轻了，怎么了？难道又引起基因突变啦？

　　"好好好！我们正要加快行进速度呢！那就激发我们的'地面飞行'功能吧。"

　　于是，小星和西西意念里不断地强调："飞行！飞行！飞行！……"兄妹俩感觉身体越来越轻，越来越轻……

　　"飞起来啦！真奇妙！"兄妹俩惊奇地大叫。

二、又是意外——堕海

循着智能腕表的信号，他们一路飞行，一片片森林、一个个湖泊、一座座青山在眼底飞快地掠过。

"快多啦，多亏爸爸的提醒！"西西说，"哥哥，信号引导着我们沿着河流飞行，飞行器不会是落到大海里了吧？！"

"很难说啊，要是在海里，那可怎么办？"小星愁眉苦脸地说。

渐渐地，他们眼前出现了一线蓝色。紧接着，下方的小河倾泻而下，注入蔚蓝的大海。果然！两人很快来到海面上，温暖的海风带着咸咸的气息扑面而来。

"壮阔的大海！"西西赞叹道。

"大海是壮阔，可是我们怎么回家呀？"小星沮丧地说。

"是啊，怎么办？"西西的情绪瞬间低落下来。

突然，兄妹二人觉得身体一沉，从天空中直直落下。"怎么回事？"俩人惊慌失措地从空中直坠海面！

"地面飞行"功能消失了。这时，他们还没有觉察到隐藏的家族基因正在重组，使他们变得适合在海洋中生活了。

"扑通！""扑通！"俩人落入海里，并没有想象中的令人害怕的情景。小星和西西惊喜地发现，自己竟然可以自由自在地在海水里游动，和在天空中一样方便。

"基因突变！"小星立刻明白过来了。

西西也恍然大悟："哥哥，这下好了，我们可以在大海里探索一番了！"

"算了吧，我们得赶快找到飞行器，回家去。爸爸很快就回家了。"小星提醒道。

"好吧，爸爸会带回来更精彩的故事！"西西无奈地点头同意。

兄妹俩像鱼儿一般畅游在海底。水草随着水波摇曳，光线透过海水照在水草上，泛着粼粼的光。五颜六色的鱼儿轻快地从身边游过，触手可及。西西刚想伸手去摸摸它们，小星阻止道："不要打扰它们，我们要继续寻找飞行器。可视腕表显示，我们的飞行器离我们应该不远了！"西西只好乖乖地跟着哥哥向前游去。

"海底的景色多漂亮啊！哥哥，你看，这水下的岩礁中，还有好多好多珊瑚呢！"西西惊喜地说。

"对，你看，这些珊瑚虫，各种各样的，它们的触手都是对称地生长的。在水中有规律地摆动着。"

"那它们在干什么呀？"西西问。小星跟妹妹解释说："它们摆动触手，是为了收集食物。另外，这类动物没有头与躯干之分，没有神经中枢，只有弥散神经系统。当受到外界刺激时，整个动物体都是有反应的。还有，你看那一块块颜色鲜艳的珊瑚礁，就是它们聚在一起形成的。"

是的，它们除了触手外，其他地方一点也不动，就像一块块石头。黑色的、红色的、橙红色的，还有透明的，好看极了！哥哥，你看！那块礁石多奇特啊，多像一个面具，真有意思！正好拿回家收藏起来。"西西没有抑制住好奇心，对着一块礁石直冲而下，小星没来得及阻止，只好摇一摇头，紧跟着游过去。

西西刚把手伸过去，谁知那块"礁石"上突然出现两只眼睛。"你想干吗？"冷冷的声音传来。西西吓了一大跳，吃惊地说："你不是石头呀，吓死我了！"

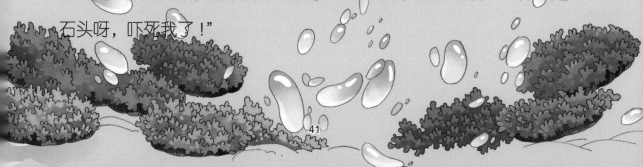

三、"面具"的帮助

"你才是石头，我在这睡觉，你为什么打扰我？"

"我以为你是一个礁石面具，想把你带回家做个纪念呢，嘻嘻！"西西笑道。

"对不起，打扰到你，我们没有恶意。不过，你真像一块面具呢。"小星赶紧道歉。

"算了，算了，我不跟你们计较了。""面具"说道。

"那我们能互相认识一下吗？我叫奥西西，他是我哥哥奥小星，我们是来寻找推进器的。"西西学乖了，赶忙和这个陌生的海底生物套近乎。

"哦？大探险家啊，你们好！我是蝉虾。我就喜欢在海藻上睡觉或者捕食，和龙虾是近亲，只不过，我的螯变成这样了。"说着"面具"（哦，不是，是蝉虾）举起它那扁平的触角。不仔细看，还以为那是头部延长出来的一部分呢，"听说海马和海龙找到一个奇怪的机器，可能是你们要找的什么飞行器吧。我知道它们在哪儿，我带你们去找吧。"

"好呀，谢谢面具朋友。"西西调皮地说道。

"是蝉虾，不是面具！"蝉虾提醒道。

"好的，好的，谢谢蝉虾面具先生！"两兄妹齐声答道。

蝉虾无可奈何，"面具"就"面具"吧。

蝉虾一马当先地在前面领路，小星和西西紧跟在后面，直奔海马和海龙的领地而去。

"我要提醒你们，想要找回你们的那个什么机器，你们必须通过它们的考验，否则你们只能失望而归了，这是我们这儿的规矩。"蝉虾提醒道。

"谢谢你的提醒，我们一定会通过考验的。"兄妹俩满怀信心地答道。

"会是什么样的考验呢？"小星与西西真是又紧张又期待。

知识百科

　　蝉虾：又名"海知了""海蝉"，拟态海底布满海藻的礁石。它们是龙虾的近亲，没有螯，也没有须。它们的触角变成了两个大扁片，好像延长的头部。

　　珊瑚：是珊瑚虫群体或骨骼化石。珊瑚虫是一种海生圆筒状腔肠动物，食物从口进入，食物残渣从口排出，它们以捕食海洋里细小的浮游生物为食，在生长过程中能吸收海水中的钙和二氧化碳，然后分泌出石灰石，变为自己生存的外壳。它们聚在一起成为群体的珊瑚，其骨架不断扩大，从而形成形状万千、生命力巨大、色彩斑斓的珊瑚礁。

　　它们主要生长在温度高于 20℃ 的赤道及其附近的热带、亚热带地区，水深 100～200 米的平静而清澈的岩礁、平台、斜坡和崖面、凹缝中。

蝉虾

珊瑚

考考你的眼力

你能找到它们吗？

第八章　最后的考验

一、海马的热情

　　沿着弯弯曲曲的海底通道，游过密密麻麻、五光十色的珊瑚群，仿佛穿梭在海底龙宫，奇异的海洋生物不停地从小星和西西眼前游过，兄妹俩认识很多海洋生物，可是眼前刚游过去的却从来没见过，只能请教蝉虾了。

　　"这是花帽水母，它可以根据食物的多少调整自己的大小呢。后面这个动物叫海蝴蝶，其实应该叫海蜗牛，有两只长得像翅膀的脚，用它们来游泳。"蝉虾解释道。

　　"是啊，海洋广阔无边，生物种类繁多，它是生命的摇篮嘛。"小星感叹道。

　　有蝉虾这个"海洋通"带路，没有惊险波折，就这样一路有说有笑，时间缓缓流过。

　　"到目的地了，我的任务完成了，祝你们顺利拿到时光机。再见，爱探险的朋友们！"蝉虾在一片珊瑚群前停下，扭头对小星和西西说。

　　"终于到了，非常感谢你的帮助！"兄妹俩真诚地说。

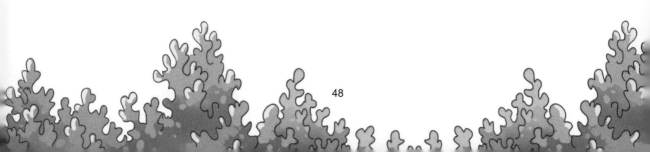

"不用谢，咱们是朋友嘛，以后有空来找我，我带你们探索更多的海洋奥秘。"蝉虾笑着说。在兄妹俩的注视下，蝉虾的身影渐渐隐没在海洋深处。

　　眼前是巨大的珊瑚礁，有的像绽放的花朵，有的像分开的鹿角，有的像节日的烟花，还有的连成一大片铺在海底，颜色多种多样，有白色的、蓝色的、黄色的、绿色的、红色的，许多美丽的鱼儿在多彩的珊瑚丛中游来游去，美丽极了。

正当兄妹俩沉醉在这美丽的海底奇观中，旁边一个"珊瑚"游了过来，并说道："你们好，欢迎来到我们的领地！"他俩吓了一大跳，定睛一看，原来是海马。"你好，小海马！"小星说道。

　　"什么小海马？我都快要生孩子了，还小？"海马答道。

　　"哎哟，抱歉，海马爸爸，恭喜你！"小星笑道。

　　"它不是妈妈？"西西疑惑道。

　　"看来，你们的知识挺丰富的。不错，我们都是爸爸生孩子。我想你们应该是来找那个奇怪的机器的吧？"海马爸爸说。

二、高手海龙的"隐身术"

"是呀是呀，您能带我们去吗？"小星赶忙说道。

"丰富的知识已经帮你们完成了第一个考验——辨别我们海马的雌雄。我们可是只管生宝宝，不管带哦！宝宝出生后就只能靠它们自己啦。你们的第二个考验接着就来喽，那就是找到我的表兄海龙。这个考验可不简单哦，有时候我都找不到它。"海马爸爸说道。

"找到海龙？"兄妹俩疑惑道，"就在这里找？"

"好吧，我提示一下，方圆 500 米范围内。"海马爸爸说。

兄妹俩迅速游动起来，依照海龙的特征仔细搜寻方圆 500 米内的海底珊瑚丛。密密麻麻的珊瑚在透过海水的光线的照耀下五颜六色的，其间还有游鱼不停地穿梭，水草不停地摇摆，阻碍他们的判断。

不过细心的西西不放过任何一株水草（因为海龙最擅长的就是伪装成水草）。

在一株金黄色的水草前，西西停了下来，仔细观察，这株"水草"的尾部膨大，不太正常。"哥哥，过来，我找到了！"

小星游了过来："妹妹，你确定？"

"当然。海马爸爸，这位就是你的表兄——海龙吧？它也要当爸爸了吧？哈哈！"西西自信地对跟过来的海马说。

"你真厉害！被你找到了！"那株海草，哦，不，是海龙笑嘻嘻地说道。

"恭喜你们通过了考验，我们也成为好朋友啦，欢迎你们经常来找我们玩。这海里寂静得很，我整天在这装海草，太无聊了。"海马爸爸高兴地说道。

三、启程——回家

"是呀，是呀，欢迎你们经常来玩，人类和我们本来就是朋友。来吧，我们一起去你们的机器那边吧。"海龙也欢快地说道。

"谢谢你们！"小星一边说一边在腕表上记下坐标。下次有空，可得专门做一次海底旅行，探索广袤的海洋。

转过几道弯，跨过一条海沟，他们的推进器静静地躺在松软的海底，一群群五颜六色的海鱼游弋在飞行器周围，长长的海草随着海水缓缓摇摆。兄妹俩激动地游上前去，触摸着飞行器的外壁，一股亲切的感觉涌上心头。

"谢谢你们啦，我们要回家了！"西西依依不舍地说。

"是啊，太感谢你们了！"小星也感激地说。

"没什么，很高兴能帮到你们。欢迎你们下次来，我们给你们当导游，探索美丽的海底世界。"海马说。

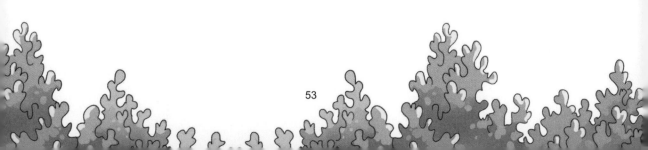

"那太好了，一言为定啊！下次假期，我们如果有空，就回来找你们！坐标我已经记下了。"小星高兴地大声说。

"说定了，说定了！"西西兴奋地叫道。

在和海龙、海马兄弟告别后，兄妹俩踏进熟悉的驾驶舱，飞行器的设备一切正常，功能完好，能量充足。他俩望着窗外随着海水摇摆的兄弟俩，挥挥手。海底斑斓的光影似乎是在兄弟俩的身上流动，映衬着大片的珊瑚，奇幻的海底令兄妹俩不忍离去。

一幕幕情景浮现在眼前，懒懒的树懒、英勇的兰花螳螂、阴险的石头鱼，还有禅虾、海马……一次多么奇妙的旅程啊！

短短的假期，认识了这么多有趣的生物，结识了这样多有意思的朋友，自己也学到了许多知识，回家一定向爸爸妈妈炫耀，一定和小伙伴们分享！

再见了！可爱的动物朋友们！

他们设定好坐标，调整好航向，启程——回家！

澳大利亚海龙：生长在澳洲海底的海草中，成年海龙大约有一尺长。不仔细看，还当它们是浮在水里的海草。但仔细一看，会发现它们还真有些龙的形态。它们属鱼类，表皮披有一层盔甲似的骨质。它们的视力很好，以微小的小虾及海蚤为食。由于它们没有牙齿，所以当它们看到食物时，是整个吸进小嘴里的。它们是爸爸生孩子的。小海龙一出生，就能游泳，而且能自己寻找食物。

海马：小型海洋动物，身长5～30厘米。头呈马头状，与身体形成一个角，吻呈长管状，口小，背鳍一个，均为鳍条组成。眼可以独立活动。行动迟缓，却能很有效率地捕捉到行动迅速、善于躲藏的桡足类生物。它们也是爸爸生孩子，但是不负责照顾。分布在大西洋、欧洲、太平洋、澳大利亚等地区。

你能找到它们吗？

通过游戏发现"保护色"对动物生存的价值

场地的选定

最好是在室外比较开阔且周围的色彩比较丰富的地方，如松树林里。松树有深褐色的树干和树枝、绿色的叶子，树旁有各种小草和灌木，还点缀着五颜六色的小野花，而树下的土地则是黑色的或者深棕色的。

材料的准备

1. 准备一些容易附着在植物上和地面的物品，如毛线、绒线等，并剪成 2 ～ 3 厘米的线段。可以选定绿色、褐色、黑色、黄色、灰色 5 种颜色，每种颜色 12 个，以代表不同的动物。

2. 准备一张统计表，以记录找到的毛线的颜色、被发现时的位置以及这个毛线可能代表的动物。

活动的开展

1. 指导老师参照动物的实际颜色和生活习性，将不同的毛线段藏在一定范围内的树上、草丛里、地上等处。

2. 指导老师做好准备后，同学们分组进行寻找，并将相关信息记录在统计表里。在寻找、记录的过程中，小组同学之间可以进行充分的探讨。

3. 事先规定好的时间到了之后，所有的同学都要归队，并将统计表交给指导老师。

4. 老师和学生们一起对表格信息进行分析归类，并一起探讨一些关于动物伪装的话题：什么颜色最容易被发现？什么颜色最难被发现？什么样的动物在这种环境中有最佳的保护色或拟态？有哪种颜色的动物没有被找到？为什么？

活动小结

通过游戏活动，可以让孩子们直观地了解动物的保护色，发现动物身体的颜色、形状、花纹怎样与周围的环境融为一体，并能快速分辨出隐藏的动物，感知动物与环境的关系。通过指导老师的引导，还可以让孩子们理解保护色对于动物生存的重要意义，并萌生出探究大自然奥秘的冲动，进而热爱大自然、保护大自然。

后记

我们说，孩子们的世界由个人、社会、自然等基本要素构成，这些基本要素是彼此交融的有机整体。但是，近年来，自然在孩子们的世界里越来越缺失了。

首先，随着电子科技的高速发展，孩子们越来越喜欢沉浸在虚拟的游戏环境中，从而减少了接触自然的机会；其次，随着城市化进程的加快，越来越多的人工环境取代了自然环境，城区的孩子很难见到大片树林、草地，也很难见到可以戏水摸鱼的小溪流。另外，由于我们小学管理者的头上始终高悬着安全之剑，校长们轻易不敢将学生放出校门、带去郊外。

因为缺乏与大自然的交流，孩子们产生了种种身心问题，患多动症、自闭症、过敏症等越来越多，"大自然缺失症"逐渐显现。

现在不少小学生经常玩电脑、手机，不懂得如何跟大自然打交道，从大自然中吸收养分更成为一个无所适从的课题。西方国家，一场重要的运动正在悄然开展——让孩子们重返大自然。

这对我们来说，有很重要的借鉴作用。

孩子们认识大自然，其实是他们认识人生的一个非常好的窗口。如何通过开设大自然课程，逐步消除"大自然缺失症"，让孩子们从自然中获得人生成长的经验与快乐，这是我们科普教育工作者应该研究的课题。

为此，2015 年 9 月，合肥市王士春名师工作室暨蜀山区小学科学名师工作室，申请了"城区小学大自然课程实践研究"课题，并被中国教育学会科学分会批准为 "2015 年度全国科学教育规划课题"。

我们将"城区小学大自然课程实践研究"课题定义为，在人口集中、自然生态相对较弱的城区小学开设动植物观察、水文气象观测、自然生态体验与探究、农作物种植、珍爱自然、环境保护与宣传等一系列关于大自然的校内、校外活动课程，并进行相关的理论与实践研究。

两年来，我们各个子课题组结合本校实际积极探索、深入研究，有了一些小小的收获。本次我们的工作室与黄山书社共同策划、携手打造的"自然大冒险系列丛书"，便是我们名师工作室此项课题的研究成果之一。

本套书从儿童的视角出发，通过探险的形式，讲述了一个又一个与植物、动物以及矿物相关的故事，图文并茂，引人入胜。本套书由合肥市王士春名师工作室成员黄新、王成科、杨夕元、周军华，泛成员吴慧、王友、史永翔、唐梅、陈咪咪、孙倩倩等知名青少年科普教育专家分组编写，最后由首席名师王士春进行统稿。

本套书的编写，对孩子们认识、亲近、尊重与喜欢大自然中的各种动植物有一定的帮助，也是实施素质教育，培养孩子们核心素养的一项有力举措。

大家知道，素质教育，是以全面提高人的基本素质为根本目的，以尊重人的主体性和主动精神，注重开发人的智慧潜能，注重形成人的健全个性为根本特征的教育。本套书的编写，是素质教育全面铺开的需要，也是《教育部关于全面深化课程改革落实立德树人根本任务的意见》中提出的"核心素养体系"培养的一个重要渠道。当然，这也是我们科普教育工作者送给孩子们的一份礼物。

编者

2019 年 9 月 1 日

图书在版编目(CIP)数据

动物伪装术/王士春主编.—合肥:黄山书社,2019.5
(自然大冒险系列丛书)
ISBN 978-7-5461-7186-9

Ⅰ.①动… Ⅱ.①王… Ⅲ.①动物–儿童读物 Ⅳ.①Q95–49

中国版本图书馆 CIP 数据核字(2018)第 004344 号

动 物 伪 装 术
(自然大冒险系列丛书)

王士春 主编

王成科 周军华 史永翔 著

出 品 人 王晓光
出版策划 韩开元 姚筱雯
出版统筹 姚筱雯 刘莉萍
责任编辑 秦矿玲
封面设计 易 维
出版发行 时代出版传媒股份有限公司(http://www.press-mart.com)
　　　　 黄山书社(http://www.hspress.cn)
地址邮编 安徽省合肥市蜀山区翡翠路 1118 号出版传媒广场 7 层 230071
印　　刷 安徽联众印刷有限公司
版　　次 2019 年 9 月第 1 版
印　　次 2019 年 9 月第 1 次印刷
开　　本 787mm×1092mm 1/16
字　　数 120 000
印　　张 8
书　　号 ISBN 978-7-5461-7186-9
定　　价 39.80 元(上下册)

服务热线 0551-63533768

销售热线 0551-63533788

官方直营书店(https://hsss.tmall.com)